LOS FRUTOS
DEL GUILLOMO

OTROS TÍTULOS DE
ROBIN WALL KIMMERER:

Una trenza de hierba sagrada

Reserva de musgo

LOS FRUTOS DEL GUILLOMO

Abundancia y reciprocidad en el mundo natural

ROBIN WALL KIMMERER

Con ilustraciones de John Burgoyne
Traducción de David Muñoz Mateos

HarperCollins *Español*

Queda expresamente prohibido todo uso no autorizado de esta publicación para entrenar cualquier tecnología de inteligencia artificial (IA) generativa, sin limitación a los derechos exclusivos de cualquier autor, colaborador o editor de esta publicación. HarperCollins también ejerce sus derechos bajo el Artículo 4(3) de la Directiva 2019/790 del Mercado Único Digital y excluye esta publicación de la excepción de minería de textos y datos.

LOS FRUTOS DEL GUILLOMO. Copyright © 2024 de Robin Wall Kimmerer. Todos los derechos reservados. Ninguna sección de este libro podrá ser utilizada ni reproducida bajo ningún concepto sin autorización previa y por escrito, salvo citas breves para artículos y reseñas en revistas. Para más información, póngase en contacto con HarperCollins Publishers, 195 Broadway, New York, NY 10007. En Europa, HarperCollins Publishers, Macken House, 39/40 Mayor Street Upper, Dublín 1, D01 C9W8, Irlanda.

Los libros de HarperCollins Español pueden adquirirse con propósitos educativos, empresariales o promocionales. Para más información, envíe un correo electrónico a SPsales@harpercollins.com.

harpercollins.com

Título original: *The Serviceberry*

Publicado por Scribner en los Estados Unidos, 2024

Copyright de la traducción © 2026 de David Muñoz Mateos, publicada originalmente por Capitán Swing Libros, S .L.

PRIMERA EDICIÓN DE HARPERCOLLINS ESPAÑOL, 2026

Diseño adaptado de la edición de Scribner, un sello de Simon & Schuster

Este libro ha sido debidamente catalogado en la Biblioteca del Congreso de los Estados Unidos.

ISBN 978-0-06-346603-6

Impreso en los Estados Unidos

26 27 28 29 30   HDC   10 9 8 7 6 5 4 3 2 1

*A Paulie y Ed Drexler,
mis buenos vecinos.*

*Todo
florecimiento
es
mutuo*

Por las colinas boscosas se desliza el fresco aliento del atardecer, desalojando el calor del día. Con él llegan los pájaros, que esperaban ese alivio tanto como yo. Una bandada de cantos semejante al sonido de una carcajada que me hace reír con idéntico deleite. Me rodean por todas partes, Ampelis Americanos, Pájaros Gato Grises, el destello iridiscente del Azulejo. Nunca había sentido tal afinidad por mi tocayo, *Robin*, el Petirrojo, como ahora, cuando tanto él como yo nos llenamos la boca de frutos silvestres y dejamos escapar risas de felicidad. Los arbustos están repletos de gruesos racimos rojos, azules y violetas en diversas fases de maduración. Hay tantos que pueden recolectarse a puñados. El cubo que traje –y cómo me alegra haberlo hecho– pesa ya bastante. Los pájaros transportan los frutos en el recipiente de su barriga, preguntándose si podrán volar con tanta carga.

Tal abundancia de frutos se asemeja en todo a un regalo de la tierra. No los he ganado ni comprado, no he trabajado para obtenerlos. Ningún cálculo de méritos podría indicar que los merezco. Sin embargo, están aquí, junto al sol, el aire, los pájaros y la lluvia, formando torres de cumulonimbos, como una tormenta lejana. Podríamos llamarlos recursos naturales o servicios ecosistémicos, pero los petirrojos y yo sabemos que son regalos. Con la boca llena, ellos y yo, entonamos un canto de gratitud.

Mi alegría se debe, en parte, a lo inesperado de su presencia. Nunca pensé que podría encontrarlos aquí. Los frutos de los Guillomos locales, *Amelanchier arborea*, son pequeños y duros, más bien secos, y no es frecuente hallar arbustos que den obsequios tan dulces. Debo la generosidad que hoy me ha permitido llenar el cubo a una especie occidental

–*A. alnifolia*, conocida como Saskatun o Guillomo de Saskatchewan–, que plantaron mis vecinos granjeros, Paulie y Ed. Este es el primer año que da frutos y lo hace con un entusiasmo equiparable al mío.

Entre los múltiples nombres en inglés con los que se conoce al Guillomo, el conjunto de especies del género *Amelanchier*, se encuentran *Saskatoon, Juneberry, Shadbush, Sugarplum, Sarvis, Serviceberry*. Los etnobotánicos saben que cuantos más nombres tiene una planta, mayor es su importancia cultural. Este árbol es apreciado por sus frutos, su uso medicinal y por la efervescencia de flores tempranas que blanquean las orlas de los bosques con los primeros indicios de la primavera. Su fidelidad a los patrones estacionales permite utilizarlos como calendario. Su floración es señal del deshielo de la tierra. Sirve, en la sabiduría popular, para conocer el momento en que los caminos de montaña se volvían transitables y los predicadores itinerantes llegaban a oficiar servicios religiosos. También es un indicador fiable, para los pescadores, de que el sábalo americano está remontando el río. O lo era, al menos, cuando los ríos carecían de obstáculos y acogían el desove de los sábalos.

Para los pueblos indígenas tradicionales, las plantas calendario como el Guillomo son importantes porque sincronizan sus traslados estacionales, los ciclos anuales de desplazamiento por el territorio en busca de aquellas zonas donde el alimento está disponible. En vez de modificar la tierra según les convenía, optaron por cambiar ellos. Comer al ritmo de las estaciones es una forma de honrar la abundancia de la naturaleza, acudir a ella cuando y donde tiene lugar. Un mundo de enormes almacenes de víveres y supermercados permite tener lo que se desea en el momento en que se desea. Hacemos que la comida venga a nosotros, con el gran coste ecológico y financiero que eso conlleva, en vez de tomar aquello que se nos ofrece, cada cosa a su tiempo. Estos Guillomos no sufrieron coerción alguna, su huella de carbono es nula. Tal vez por eso saben tan rico, efímeros sorbos del verano –solo se producen en esta época–, sin el regusto del daño.

En inglés, el nombre «Serviceberry» no refiere a su «servicio», *service*, sino que procede de uno de los términos con que se conocía el Guillomo dentro de la familia de las rosáceas: «*Sorbus*», que se convirtió en «sarvis» y, de ahí, «*service*». El apelativo, por tanto, no deriva de sus beneficios, aunque la planta ofrece miles de bienes y servicios a los humanos y al resto de la ciudadanía. Sostiene la biodiversidad. Es uno de los pastos preferidos del ciervo y el alce; fuente temprana de polen, vital para los insectos que acaban de aparecer; hogar para numerosas larvas de mariposas –la virrey, la cometa, la atalanta o diversas especies de la subfamilia Theclinae–, y pájaros a los que les encantan las bayas y dependen de esas calorías durante la época de cría.

Los individuos humanos también dependen de sus calorías, sobre todo en las prácticas alimenticias tradicionales de los indígenas. Los frutos del Guillomo eran un ingrediente clave para preparar el *pemmican*. Se machacaban las bayas secas junto a la carne curada de venado o bisonte hasta obtener un polvo fino, que se ligaba con grasa animal y se solidificaba, produciendo así las primeras barritas energéticas. Era una conserva muy concentrada que proporcionaba sustento nutricional durante las épocas de hambruna, se transportaba con facilidad y podía almacenarse o llevar consigo. El *pemmican* se convirtió también en parte del comercio tradicional, de esa sofisticada red a la vez local y transcontinental que distribuía materiales esenciales entre ecosistemas y culturas. Se podían intercambiar las calorías sobrantes por otros bienes no disponibles en la zona.

El Guillomo es parte de la dieta indígena allí donde crece. Como miembro de la Nación Potawatomi, uno de los pueblos anishinaabes de la región de los Grandes Lagos, he tenido el privilegio de probar compotas de Guillomo, púrpuras y melosas, en los banquetes tradicionales. Han instruido tanto mis papilas gustativas como mis recuerdos de este alimento ancestral.

LOS FRUTOS DEL GUILLOMO

En el idioma potawatomi, se conoce como *Bozakmin*. El término es un superlativo: la mejor de las bayas. Me pongo una en la lengua y creo que mis antepasados eligieron el nombre adecuado. Imagina un fruto que sepa como un arándano, con el peso satisfactorio de la Manzana, un toque de agua de rosas y el minúsculo crujido de las semillas con un toque a almendra. En todo el supermercado no hay nada que sepa igual: un sabor salvaje y complejo, una sensación que tu cuerpo reconoce como la de la comida auténtica, la que esperaba. Cuando las como, casi puedo notar cómo bailan de alegría las mitocondrias.

Para mí, la parte más importante de la palabra *Bozakmin* es «min», raíz que significa «baya, fruto». Aparece en los nombres potawatomis con que se conocen los arándanos (*Minaan*), las Fresas (*Odemin*), las Frambuesas (*Mskadiismin*), e incluso las Manzanas (*Mishiimin*), el Maíz (*Mandamin*) y el Arroz Silvestre (*Manomin*). Esa palabra es una revelación, pues la raíz también significa «regalo».

Al nombrar las plantas que nos colman de bondad, reconocemos los regalos de nuestros parientes, las plantas, manifestaciones de su generosidad, sus atenciones y su creatividad. James Vukelich, un lingüista anishinaabe, enseña que los dones de las plantas son «una manifestación de su amor incondicional hacia los seres humanos». Las plantas, escribe, ofrecen lo que tienen a todo aquel que lo necesita, «santos y pecadores por igual».

No puedo evitar observarlas, como joyas brillantes en la mano. Respiro agradecida. La gratitud es la primera respuesta intuitiva ante tales obsequios. Una gratitud que fluye hacia nuestros mayores, las plantas, e irradia hacia la lluvia, el brillo del sol, la improbabilidad de los arbustos cubiertos de lentejuelas, bocados de dulzor en un mundo que puede resultar amargo.

Según la cosmovisión anishinaabe, no solo los frutos son dones; también lo es todo el sustento que proporciona la tierra, desde el pescado hasta la leña. Todo lo que hace que nuestras vidas sean posibles —las tablillas para hacer cestas, las raíces que utilizamos como medicina, los árboles con cuyos cuerpos levantamos nuestras casas y las páginas de los libros— proviene de las vidas de seres no humanos. Sucede siempre, ya sea por recolección directa en el bosque o mediado a través del comercio, cosechado de los estantes de una tienda: todo procede de la tierra. Cuando hablamos de ellos como dones, y no como cosas o recursos naturales o bienes de consumo, nuestra relación con el mundo natural cambia por completo.

En la economía tradicional anishinaabe, la tierra es el origen de todos los bienes y servicios, que se distribuyen en una especie de intercambio de dones: una vida se entrega para ser sostén de otra. Lo importante es conservar el bien de un pueblo, no el de un solo individuo. Recibir un don de la tierra lleva consigo responsabilidades: compartir y respetar, la reciprocidad y la gratitud, y esas responsabilidades te serán recordadas.

Este tipo de gratitud va más allá de pronunciar un educado «gracias». No es un ritual automático de «modales», sino el reconocimiento de una deuda que puede trastocar toda tu forma de pensar: te hace comprender que la vida se nutre del cuerpo de la Madre Tierra. Con los dedos pegajosos de zumo de bayas, me resulta evidente que mi vida depende de la vida de los otros, que sin ellos yo no existiría. El agua es vida, la comida es vida, el suelo es vida, y se convierten en nuestras vidas mediante los milagros asociados de la fotosíntesis y la respiración. Todo lo que necesitamos para vivir fluye a través de la tierra. Llamarla Madre Tierra no es una metáfora vacía. La comida que nos llevamos a la boca es el hilo que nos conecta en una relación a la vez espiritual y física: nuestros cuerpos se alimentan y nuestros espíritus se nutren a través del sentido de pertenencia, que es el alimento más vital de todos. No tengo derecho a poseer estos frutos; sin embargo, están aquí, en mi cubo. Un regalo.

Este caldero repleto de Guillomos representa los cientos de intercambios de dones que se han producido hasta llegar a mis dedos manchados de azul: los arces que dieron sus hojas al suelo, los incontables invertebrados y microbios que intercambiaron nutrientes y energía para elaborar el humus en el que arraigó la semilla del Guillomo, el Ampelis Americano que dejó caer la semilla, el sol, la lluvia, las primeras moscas de la primavera que polinizaron las flores. Todos ellos son parte del intercambio de dones que permite que cada uno obtenga lo que necesita.

Muchos pueblos indígenas, como los anishinaabes –mis parientes– o los haudenosaunees –mis vecinos–, heredaron lo que se conoce como «una cultura de la gratitud», que organiza el modo de vida en torno a ceremonias y prácticas de reconocimiento y responsabilidad ante los dones de la tierra. Nuestras enseñanzas más antiguas nos recuerdan que no mostrar gratitud es una afrenta hacia el don y tiene consecuencias graves. Si deshonras a los castores, capturando demasiados, desaparecerán. Si desperdicias el maíz, pasarás hambre.

Enumerar los dones que has recibido crea una sensación de abundancia, la certeza de que ya tienes cuanto te hace falta. Reconocer la «suficiencia» es un acto radical en el contexto de una economía que constantemente exige que consumamos más. Los datos cuentan la historia de que en el planeta hay «suficientes» calorías alimenticias para nutrir a sus ocho mil millones de habitantes. Sin embargo, la gente pasa hambre. Imagina lo que sucedería si cada uno de nosotros tomara solo lo necesario, no mucho más de lo que nos corresponde. La riqueza y la seguridad que todos parecemos anhelar podrían alcanzarse compartiendo lo que tenemos. Los eco psicólogos nos han enseñado que la práctica de la gratitud sirve de freno contra el consumo excesivo. Las relaciones alimentadas por el reconocimiento de los dones reducen nuestra sensación de escasez y carencia. En ese ambiente de suficiencia, el ansia por tener siempre más se calma y solo tomamos aquello que necesitamos, respetando la generosidad del dador. La catástrofe climática y la pérdida de biodiversidad son consecuencias del consumo humano desenfrenado. ¿Y si el cultivo de la gratitud fuera parte de la solución?

A Paulie también le ha sorprendido que conozca estos frutos, pues la gente de la zona no está familiarizada con ellos. Soy una recolectora, estoy acostumbrada a seguir las voces del Ampelis Americano para descubrir, decepcionada, que me ha dejado apenas un puñado de bayas. Las ha plantado mi amiga, yo nunca había visto tantas por aquí. Se emociona al saber que son, para nosotros, un alimento cultural importante, y puedo notar que mi alegría también la levanta un poco del suelo.

Si nuestra primera respuesta al recibir los dones es la gratitud, la segunda ha de ser la reciprocidad: hacer un regalo a cambio. ¿Qué podría yo ofrecer a las plantas para corresponder a su generosidad? Podemos devolver el don con una respuesta directa, limpiando la maleza o regándolas, o entonando una canción de agradecimiento que lance mi estima al viento. También podríamos crear un hábitat para las abejas solitarias que fertilizaron esos frutos. U optar por una acción indirecta: hacer una donación a la asociación local que administra las tierras indígenas, expandiendo así el hábitat de los dadores de dones; testificar en una audiencia pública sobre el uso de la tierra, o crear piezas artísticas que inviten a los demás a la red de la reciprocidad. Podríamos reducir nuestra huella de carbono, votar a favor de la salud de la tierra, luchar por la conservación de las tierras agrarias, cambiar de dieta, colgar la ropa al sol. Vivimos en una época en la que todas las decisiones son importantes.

La gratitud y la reciprocidad son las divisas de la economía del don y tienen la virtud excepcional de multiplicarse con cada intercambio, concentrando su energía al pasar de mano en mano: un recurso de verdad renovable.

¿Somos capaces de imaginarnos una economía

humana cuya divisa replique el flujo de la Madre Tierra? ¿Imaginar los regalos como moneda de cambio?

Permítanme que explique lo que quiero decir cuando hablo de la reciprocidad como relación. No me refiero a un intercambio bilateral que genera una obligación y puede resolverse con un «pago» recíproco. Hablo de dispersar el don, de mantenerlo en movimiento de manera abierta para que no se acumule y se estanque, para que siga expandiéndose, como los regalos de los frutos silvestres en el ecosistema. Los ecólogos pensamos en la moneda de cambio de los ecosistemas en términos de biogeoquímica, el ciclo de los materiales que conforman la vida y que circulan entre los seres vivos y los que no lo están.

Las bayas caen con un satisfactorio «clonc» en el cubo, que pesa cada vez más. Merece la pena considerar de qué están hechos esos frutos. Las bayas del Guillomo contienen materiales elementales, como carbono y nitrógeno, y la energía almacenada en sus dulces azúcares. Si queremos comprender esta economía de la naturaleza y llevarla a la nuestra, tenemos que recordar que los materiales y la energía se mueven de manera diferente por el ecosistema.

Los materiales como el carbono, el nitrógeno o el fósforo —los elementos esenciales de la vida— circulan por los ecosistemas en un ciclo infinito en el que cambian de forma una y otra vez. Sigamos el carbono del Saskatun. Las hojas del árbol obtuvieron dióxido de carbono de la atmósfera y lo convirtieron en azúcar mediante el mecanismo genial de la fotosíntesis. El don de la atmósfera reside ahora en el fruto. Cuando el Ampelis Americano engulle la baya, parte de ese carbono se transforma en las plumas que trazan una franja amarilla en su cola, un destello bajo la luz vespertina. Entonces la pluma cae al suelo y se vuelve alimento para los escarabajos, que a su vez se convierten en alimento para un topillo cuya muerte alimenta el suelo del que se nutre la semilla del Guillomo que germina en la orla del bosque. Los materiales se mueven a través de los ecosistemas en una economía circular, transformados constantemente. La abundancia se genera gracias al reciclaje y la reciprocidad.

El reciclaje se produce a distintas velocidades. A veces, en cuestión de minutos, como una molécula de fósforo que baila entre el agua y una célula de alga de un verde centelleante, girando sin cesar. El alga incorpora el fósforo a su cuerpo, que el zooplancton devora minutos después para excretar el mineral de nuevo en el agua, donde otra alga no tarda en integrarlo. Otros ciclos se desarrollan más lentamente. Los minerales pueden permanecer en depósitos mucho tiempo, como el nitrógeno inmovilizado en el tronco de un árbol durante trescientos años, pero siempre regresan a la circulación. Estos procesos son el modelo para diseñar los principios de la economía circular, en la que no existe el desperdicio, solo materiales de partida. La abundancia se consigue gracias a la circulación constante de los materiales, no a su derroche.

La energía, en cambio, funciona de manera muy distinta. Si las materias químicas pueden circular en un ecosistema, la energía fluye irremediablemente en una única dirección. Se puede almacenar de manera temporal, pero siempre está en movimiento, gracias a las leyes de la termodinámica. La energía del sol, almacenada en los enlaces químicos de un Guillomo, alimentará los trinos de los Ampelis, pero terminará por disiparse en forma de calor que emana de su cuerpo cálido, cubierto de plumas. La energía no puede reciclarse por completo; se gasta en la ineficiencia termodinámica de la transferencia energética entre los seres. Para seguir alimentando el flujo, la energía debe reponerse constantemente. No es de extrañar entonces que el sol haya sido siempre venerado como fuente de vida.

Supongo que en una economía industrial el origen del flujo es la «producción», que nace del trabajo humano y de la conversión de los dones de la tierra en bienes de consumo. Sin embargo, la frecuencia de esa producción desencadena una gran destrucción. Cuando un sistema económico destruye activamente aquello que amamos, ¿no ha llegado la hora de cambiar de sistema?

Poderosas pensadoras feministas nos animan a recordar que el intercambio de dones es una de las relaciones humanas más básicas. Todos nosotros comenzamos la vida como receptores de un intercambio, en lo que Genevieve Vaughan ha llamado la «economía del don materno», el flujo de «bienes y servicios» desde la madre al recién nacido. Cuando la madre amamanta a su bebé, el vínculo del yo individual se vuelve permeable y el bien común es el único bien que importa. La economía del don materno es un imperativo biológico. No existe la meritocracia ni la obligación de ganarse el sustento. Las madres no venden la leche a los bebés, esta es un don puro para que la vida pueda continuar. La divisa en esta economía es el flujo de la gratitud, el flujo del amor, convertido en sostén de la vida.

Por analogía, ¿puede entenderse el sustento que

obtenemos del pecho de la Madre Tierra como una forma economía del don materno? Esas pensadoras feministas defienden que dar y tomar son, en este sentido, una manera esencial de cuidar de los demás, sin la intervención de Estados o mercados. Académicas como Miki Kashtan están investigando la manera en que la filosofía y la práctica de la economía del don materno podrían impulsar la organización social hacia la justicia y la sostenibilidad.

Si, en la economía de la naturaleza, el sol es la fuente de la que nace el flujo de energía, ¿cuál es el «sol» de la economía humana del don, la fuente que repone constantemente el flujo de los obsequios? El amor, tal vez.

Dentro de la economía del Guillomo, una vez que acepto el don del árbol, lo extiendo a mi alrededor: le regalo bayas al vecino, que hace una tarta para compartir con su vecino, quien, a su vez, se siente tan saciado de comida y amistad que acude a colaborar voluntariamente en el banco de alimentos. Puedes hacerte una idea de cómo prosigue la cadena.

En cambio, si adquiero una cesta de frutos silvestres dentro de la economía de mercado, la relación finaliza cuando se produce el intercambio de dinero. En el momento en que entrego la tarjeta de crédito, mi interacción con el dependiente o con la tienda se termina. Punto final. Ahora los frutos son míos y puedo hacer con ellos lo que se me antoje. El vendedor, la empresa y yo –la clienta– realizamos una transacción estrictamente material. No se crea comunidad, solo se comercia con bienes. Piensa lo extraño –y maravilloso– que sería encontrarte al vendedor por la calle y que te pidiera la receta de la tarta de Guillomo. Sería traspasar todos los límites. Pero si las bayas hubiesen sido un regalo, lo más probable es que aún estuvieran charlando.

Considerar que el mundo es un obsequio conlleva sentirse miembro de la red de la reciprocidad. Te hace feliz y, al mismo tiempo, te hace responsable. Concebir algo como un don transforma profundamente la relación hacia esa «cosa», aunque su composición física no haya cambiado. El gorro de lana que compras en la tienda te protege contra el frío sea cual sea su origen. Sin embargo, si fue tu tía favorita quien lo tejió a mano, entras en una relación muy distinta con la «cosa»: eres responsable de ella y tu gratitud posee fuerza motriz en el mundo. Es probable que cuides más del gorro regalado que del que compraste, pues el gorro regalado está tejido de relaciones. He ahí el poder de reconocer los dones. Imagino que si comprendiéramos que cuanto consumimos es un regalo de la Madre Tierra, cuidaríamos con más atención todo lo que se nos da.

En una ocasión di una conferencia en la Facultad de Recursos Naturales de una universidad grande y prestigiosa. Aproveché la oportunidad para preguntar por el nombre, pues por «recursos naturales» nos referimos, al fin y al cabo, a las materias primas antes de convertirlas en algo que sí valoramos. Dio la casualidad de que la facultad había comenzado el proceso para cambiar de nombre, dadas sus implicaciones. Así que hice una sugerencia: «¿Por qué no llamarse "Departamento de Dones de la Tierra"?». Por toda la sala se dibujaron sonrisas beatíficas. «Oh, sí», dijo la gente, con palpable anhelo, «queremos trabajar para el Departamento de Dones de la Tierra». Al final optaron por otro nombre, claro. «La idea es hermosa», me dijo un colega más tarde, «pero básicamente haría que se dejara de triturar árboles».

Descuidar y malograr un regalo es un abuso de gravedad ética y emocional, y de relevancia ecológica. Pienso, por ejemplo, en un manantial que conozco, donde el agua helada mana de la tierra. En él bebo con las manos, me lavo la cara y lleno la cantimplora para más tarde. ¿No es así como habría de ser el agua, libre y pura? ¿Hace cuánto que no bebes agua de la naturaleza? Para mí es una especie de regalo. La vida de esa agua se convierte en mi vida y, al contemplarla, en mi alegría. Pensar en clave del don me hará limpiar las hojas del fondo de la fuente y tener cuidado de no embarrar los bordes, agradecida por haber bebido. Me ocupo del regalo para que pueda seguir dándose.

Sin embargo, si dañara ese manantial, si orinara en él o si represara un agua que solo se pertenece a sí misma para venderla, se produciría una ruptura emocional y se deterioraría la calidad del agua. Me sentiría tan sucia como ella. Esa moral, no obstante, no pone freno a una economía que ve el agua como un bien de consumo, una propiedad que ha de comprarse y venderse. A mí me resulta absurdo que alguien pueda poseer el agua, un don gratuito que cae como el famoso maná del cielo. ¿Podríamos vender el maná sin ponernos en riesgo espiritual? No lo creo.

Nuestra forma de pensar afecta a nuestra forma de actuar. Si vemos las bayas o el manantial como un objeto, como algo que nos pertenece, estos pueden volverse un bien de consumo, susceptibles de ser explotados en la economía de mercado. Cuando algo pasa de la categoría de don a la de bien de consumo, nos desvinculamos de la responsabilidad mutua. Y ya sabemos las consecuencias de esa desvinculación.

Entonces, ¿por qué hemos permitido la primacía de sistemas económicos que lo convierten todo en bien de mercado? ¿Que crean escasez en lugar de abundancia, que promueven la acumulación y no el uso compartido? Hemos rendido nuestros valores a un sistema económico que daña activamente aquello que amamos. Nuestras métricas de valor económico, como el PIB, solo tienen en cuenta el valor de lo que puede comprarse y venderse, el coste monetario en el mercado. No hay lugar en estas ecuaciones para el valor económico del aire limpio y el secuestro de carbono y las riquezas inefables de un bosque repleto de cantos de pájaros. ¿Cuál es el valor de una mariposa cuya especie, tras resistir durante milenios, no vive en ningún otro lugar del planeta? Ninguna fórmula matemática es tan compleja que pueda abarcar el lugar donde nacen las historias. Me duele darme cuenta de que un bosque primario «vale» mucho más como madera que como pulmón para la Tierra. A pesar de ello, estoy atada a esta economía, en sus mayores y en sus más pequeñas vertientes, uncida a la omnipresente extracción. Me pregunto cómo cambiar eso. Y no soy la única.

SOY BOTÁNICA, ASÍ que todo lo que sé sobre economía y finanzas cabría en la elaborada copita que sobresale de la punta del fruto del Guillomo, antaño parte de la flor. Se conoce como «cáliz», por si eres de quienes buscan conocer maravillosos términos nuevos, como otra gente ansía poseer grandes riquezas.

Tengo mucha menos fluidez en terminología económica que en el vocabulario de las bayas, así que he querido revisar el significado habitual de la economía y compararlo con la manera en que yo entiendo la economía de dones de la naturaleza. De todas formas, ¿para qué sirve la economía? La respuesta a esa pregunta depende en gran medida de a quién le preguntes. En su página web, la

Asociación Estadounidense de Economía afirma: «Es el estudio de la escasez, el estudio de cómo la gente utiliza los recursos y responde a los incentivos».

Mi yerno Dave enseña economía en la secundaria y lo primero que aprenden sus estudiantes es que la economía trata de las decisiones posibles frente a la escasez. En el mercado, todo está implícitamente definido como escaso. Y dado que la escasez es el principio fundamental, la mentalidad consiguiente se basa en la mercantilización de los bienes y servicios.

Terminé la secundaria hace mucho, pero no estoy segura de entender esa forma de pensar, así que lleno un cuenco con frutos de Guillomo para mi amiga y colega, la doctora Valerie Luzadis. Ella, profesora y antigua presidenta de la Sociedad Estadounidense para la Economía Ecológica, aprecia los regalos de la tierra. La economía ecológica es una disciplina en auge que integra los sistemas naturales del planeta con los valores y la ética humana en una teoría económica convencional. Valerie prefiere definir la economía como «la manera en que nos organizamos para sustentar la vida y mejorar su calidad. Es una forma de pensar cómo satisfacemos nuestras necesidades». Eso me gusta más.

Las palabras «ecología» y «economía» proceden de la misma raíz griega, *oikos*, que significa «hogar» o «grupo familiar». Se refiere, por ejemplo, a los sistemas de relaciones, los bienes y servicios que permiten la vida. El sistema de economía de mercado que se nos ofrece por defecto no es en ningún caso el único que existe. Los antropólogos han observado y compartido muchos marcos culturales atravesados por perspectivas muy distintas acerca de «cómo satisfacemos nuestras necesidades».

A medida que las bayas caían en el cubo, pensaba sobre lo que haría con todas ellas. Separar algunas para regalar a amigos y vecinos. Llenar el congelador para preparar *muffins* de Guillomo en febrero, sin duda. El «problema» de decidir qué hacer con la abundancia me recuerda a un informe, citado por Lewis Hyde en su obra indispensable, *El Don*, que el lingüista Daniel Everett escribió mientras aprendía de una comunidad cazadora-recolectora en las selvas de Brasil.

Cuenta que un cazador había regresado a casa con una gran cantidad de piezas, demasiadas para las necesidades de su familia. El investigador le preguntó cómo almacenaría lo que le sobrara. La comunidad conocía las técnicas de ahumado y secado, por lo que el almacenamiento era posible. El cazador se quedó atónito ante la pregunta: ¿almacenar la carne? ¿por qué haría tal cosa? En su lugar, envió una invitación a un banquete y las familias vecinas no tardaron en reunirse alrededor del fuego. Comieron hasta que se acabó la comida. Para el antropólogo, este comportamiento era inadecuado adaptativamente, y volvió a preguntar: dado que la existencia de carne en el bosque era incierta, ¿por qué el cazador no guardaba la carne para sí? Eso era, al fin y al cabo, lo que el sistema económico de su cultura natal habría predicho.

«¿Guardar la carne? Yo guardo la carne en la barriga de mi hermano», respondió el cazador.

Por esas palabras, siento una gran deuda hacia ese maestro anónimo. En ellas late el corazón de la economía del don, un antecedente alternativo a la economía de mercado, otra forma de «organizarnos para sostener la vida». Dentro de la economía del don, la riqueza no es sino tener suficiente para repartir. En la abundancia, se practica el dar a los demás. El estatus no lo determina cuánto se acumula, sino cuánto se regala. En la economía del don, la moneda de cambio es la interrelación, expresada como gratitud, como interdependencia en los ciclos de la reciprocidad que no dejan de desarrollarse. La economía del don nutre los lazos comunitarios que favorecen el bienestar mutuo; la unidad económica no es «yo», sino «nosotros», pues todo florecimiento es mutuo.

Los antropólogos caracterizan las economías del don como sistemas de intercambio en los que los bienes y servicios circulan sin que haya una expectativa explícita de compensación directa. El científico y filósofo Marshall Sahlins considera que el fundamento de la economía del don es la reciprocidad generalizada, que funciona mejor en comunidades pequeñas y muy unidas. Los que tienen dan a quienes no tienen para que, dentro del sistema, todos dispongan de lo que necesiten. No es algo que se regule desde arriba, sino que deriva de una sensación colectiva de equidad en la «suficiencia» y de responsabilidad en el reparto de los dones de la Tierra.

En su libro *Sacred Economics* [Economías sagradas], Charles Eisenstein afirma: «Los dones sostienen la comprensión mística de ser parte de algo más grande que uno mismo, y que, sin embargo, no se encuentra separado de sí. Cambian los axiomas del egoísmo racional porque el yo se ha expandido para incluir algo del otro». Si la comunidad florece, entonces todo lo que hay en ella participa de la misma abundancia –o carestía– que provee la naturaleza.

En una economía del don, la moneda en circulación no son los bienes o el dinero, sino la gratitud y la conexión. Una economía del don incluye un sistema de acuerdos sociales y morales para una reciprocidad indirecta, que sustituye el intercambio directo. De tal modo, el cazador que hoy compartió su banquete contigo puede contar con que tú compartirás las redes llenas de peces o le ofrecerás trabajo en el futuro, cuando haya que reparar las embarcaciones. La prosperidad de la comunidad crece gracias al flujo de relaciones, no a la acumulación de bienes.

Cuando se entiende el mundo natural como un don y no como una propiedad privada, hay limitaciones éticas respecto a la acumulación de una abundancia que no te pertenece. Los dones no están ahí para hacer acopio de ellos, reduciendo su disponibilidad, sino para entregarse, lo que permite que haya suficiente para todos.

Conocemos las economías del don, de los protocolos informales a los más ritualizados, gracias a comunidades indígenas tradicionales de todo el mundo. Las reuniones de los pueblos potawatomis suelen incluir una «ceremonia de obsequios» que pretende reforzar las relaciones mediante los regalos. En el mundo occidental, cuando alguien celebra un acontecimiento vital importante, espera recibir regalos. Sin embargo, la ecuación para nosotros es a la inversa. Aquellos bendecidos por la buena fortuna comparten esa bendición dando a los demás.

Un ejemplo muy conocido de economía del don se encuentra en la tradición del *potlach* entre los pueblos del Pacífico Noroeste. En ella, los obsequios circulan dentro del grupo, afianzando así los vínculos y redistribuyendo la riqueza. Los *potlaches* son ceremonias de entrega de regalos, en los que se reparten generosamente las pertenencias para señalar acontecimientos significativos. Los banquetes dejan ver la riqueza de los dadores, incrementan su prestigio y consolidan los lazos en una red de interrelaciones. Es probable que esos mismos obsequios recibidos se entreguen en la ceremonia siguiente, manteniendo así la riqueza en movimiento y afianzando la consistencia de los vínculos mutuos. En la primera década del siglo XIX, los gobiernos coloniales, bajo la influencia de las misiones, prohibieron esta redistribución ritualizada de la riqueza. Los *potlatches* se consideraban contrarios a «los valores civilizados de la acumulación» y socavaban las nociones de propiedad y progreso individual, fundamentales para la asimilación a los principios coloniales.

Estos valores tradicionales de interrelación y reciprocidad siguen resonando en las economías indígenas contemporáneas, como ha documentado el doctor Ronald Trosper, economista salish-kutenai, en su libro *Indigenous Economics: Sustaining Peoples and Their Lands* [Economías indígenas: Sostener a los pueblos y sus territorios]. Crear buenos vínculos con el mundo humano y el no humano es la moneda de cambio esencial del bienestar. Estos valores relacionales dan forma a los acuerdos actuales con que se tratan necesidades económicas tribales de diversa índole, desde la madera al salmón. Y en ocasiones, la cuestión de la tierra como responsabilidad moral o como mercancía se vuelve objeto de controversia en los titulares.

Trosper cuenta la historia de cómo la creación de buenos vínculos llevó a los históricos acuerdos intertribales con el gobierno estadounidense para proteger el territorio cultural de Bear Ears, el primer monumento nacional con clara perspectiva tribal. Cinco tribus diferentes establecieron relaciones con el Gobierno federal para proteger de forma perpetua un don de la tierra y hacerlo común. Fue un paso transformador para sanar las heridas de una larga historia de apropiación colonial; un modelo esperanzador de economía indígena que se vio abruptamente truncado cuando Donald Trump revocó la decisión y cedió los derechos sobre esas tierras sagradas a una empresa privada de extracción de uranio. Hicieron falta unas elecciones para revertir la decisión.

No fue la lucha económica entre la moneda de cambio colonial y la indígena lo que acabó con el Búfalo.

Sobre estas dos cosmovisiones económicas diferentes, la de la prosperidad obtenida a través de la acumulación individual y la que se alcanza al compartir bienes comunes, se asienta la historia de la colonización en este país. Toda la labor de desposesión y asimilación de los pueblos originarios se diseñó para erradicar la noción de la tierra como lugar que genera pertenencia y sustituirla por la idea de que la tierra no es más que un conjunto de pertenencias. De ese modo, hubo que estrechar la definición de bienestar, que ya no sería la riqueza común, sino la individual; ya no sería la abundancia, sino la escasez.

No hace falta participar en un *potlatch* para experimentar la economía del don; cuando abres tu conciencia y le das un nombre, la ves por todas partes.

Cuando llega agosto, mi vecina Sandy, que tiene una vieja granja un poco más allá de mi casa, abre una mesa plegable bajo los arces de la parte delantera. Llaman la atención los tarros de conserva de los que surgen tallos y flores de gladiolos brillantes. También hay una pila de calabacines, una cesta de papas rojas nuevas y un cartel que dice «gratis». Una sola persona no necesita tantos gladiolos, así que ella comparte el regocijo con cualquiera que se detenga por allí. Los calabacines son otra historia.

En estas latitudes, cuando el calor de finales del verano proporciona un calabacín nuevo al día, encontrarles hogar a todos los que sobran no es nada fácil. En pocos días en el huerto, pasan de tener el tamaño de un pepino al de un bate de béisbol. Hay gente que los mete por las rendijas de los buzones, o que los deja en el asiento delantero de un auto aparcado. No estoy segura de que eso pueda considerarse un regalo: podría tratarse, más bien, de un juego furtivo de supervivencia. Ahora bien, no todo el mundo tiene un huerto plagado de calabacines. A Sandy le encanta ver los autos que, tal vez volviendo del trabajo, se detienen y aceptan el regalo de las verduras frescas para la cena, el ramo para decorar la mesa. En ese intercambio, la moneda es la sonrisa secreta en ambos rostros.

La práctica de los obsequios en el jardín delantero parece contagiarse al resto de nuestra carretera. Un día, una vieja autocaravana aparcó en la linde de un campo de heno recién segado. Carecía de electricidad y de agua corriente. Una semana después, apareció fuera una mesa precaria, algunos tablones sobre dos caballetes. Sobre ella había un especiero adornado, un pequeño montón de artículos del ejército, una cantimplora cubierta de lona, una mochila y un botiquín, todo ello de camuflaje. Y un cartel que decía «gratis».

¿Es eso una economía? Yo creo que sí: un sistema de redistribución de la riqueza basado en la abundancia y el placer de compartir. Alguien dice: tengo más de lo que necesito, así que te lo regalo. No creo que sea una coincidencia que todos estos pequeños actos sucedan en unos pocos kilómetros de la misma carretera rural. Los obsequios generan obsequios, el don se mantiene así en movimiento. Y hay muchas más carreteras.

En tiempos de crisis, la economía del don emerge entre los escombros de un terremoto o las ruinas de un huracán. En su extraordinario libro *Un paraíso en el infierno*, Rebecca Solnit describe cómo, cuando se produce una catástrofe, surgen las economías del don de forma aparentemente espontánea. En el momento en que la supervivencia humana se ve amenazada, los actos compasivos dejan inutilizada la economía de mercado. La gente entrega lo que tiene a los demás, las relaciones de posesión desaparecen cuando todos aportan solidariamente sus recursos de comida, trabajo y mantas. Se interrumpen los sistemas de gobierno y las economías de mercado basados en la deuda, y aparecen redes de ayuda mutua. Se cuentan relatos heroicos de gente que ha donado camiones enteros de pan sacado de las estanterías de las panaderías. Unas horas antes, ese pan era propiedad privada que debía venderse, generar un beneficio y ser defendido de los ladrones, pero se vuelve un regalo en momentos de apuro. La persona que ofrece un poco de sopa caliente preparada en un hornillo comunitario en una esquina de la calle se gana el mismo prestigio y el honor que el anfitrión de un *potlatch*. Sabemos cómo hacerlo. Es más: ansiamos hacerlo, nos sentimos más vivos con cada uno de esos intercambios.

El reto es cultivar nuestra capacidad inherente para la economía del don sin que sea necesario el catalizador de la catástrofe. Tenemos que creer en nuestros vecinos, creer que los intereses compartidos exceden los impulsos del egoísmo. Resulta trágico seguir la narrativa de nuestro sistema, que vuelve a los unos contra los otros en un juego de suma cero.

Me sorprendió descubrir que la teoría económica moderna parte del principio de que cada uno de nosotros se comporta a la manera del «sujeto económico racional» de Adam Smith, caracterizado como un individuo avaro, aislado, que actúa únicamente por su propio interés para maximizar el rendimiento de sus inversiones. El sistema está diseñado para dar apoyo a esta caricatura hipotética y parece, por tanto, producirla. Pero todos sabemos que las excepciones a este comportamiento son mucho más numerosas que el estereotipo vaticinado. ¿Podemos imaginar un sistema que alimente una identidad económica diferente para afirmarnos como vecinos, con una inversión compartida en el bienestar mutuo? Da la casualidad de que numerosas pruebas empíricas demuestran que los humanos tendemos tanto hacia la cooperación y la generosidad como hacia el interés individual cuando no estamos sometidos a coerción externa. Imaginemos la creación de un clima social y político al servicio de este «humano mutualista empático». ¿Por qué no?

Mi experiencia se basa en zonas rurales. Me avergüenza reconocer que tengo una perspectiva limitada en lo que respecta a otros lugares donde la economía del don podría convivir con la de mercado. Doy clases y conferencias en universidades de todo el país, por lo que pregunto de manera rutinaria a los estudiantes si participan en redes de dones y de qué manera lo hacen. Descubro círculos activos de intercambio gratuito, cafeterías donde se reparan objetos, otras donde las tazas donadas sustituyen a las desechables, trueque de ropa, el movimiento Buy Nothing, los establecimientos de los campus que permiten pasar de generación en generación todo lo necesario para vivir en las residencias sin que haya que gastar un centavo. Se educan mutuamente acerca de las repercusiones de su propio consumo y sus residuos. Me hablan de los problemas de justicia ambiental creados por un megaincinerador de basura que opera cerca de una urbanización habitada fundamentalmente por personas de color. Les entusiasma darse cuenta de que todo objeto que pasa por la tienda de productos gratuitos evita convertirse en contaminación aérea en una ciudad con una tasa elevada de asma infantil. Los estudiantes reconocen que el impacto sobre el enorme flujo de consumo y residuos es mínimo; sin embargo, representa un compromiso con la imaginación y la práctica de una alternativa que no acumule productos plásticos e injusticia.

No es sorprendente, supongo, que muchos de los ejemplos de los estudiantes procedan de un ámbito muy distinto: el mundo digital. Nunca tardan en citar ejemplos de *software* de código abierto o la existencia de Wikipedia como manifestaciones de una economía del don, en la que el conocimiento se comparte gratuitamente en plataformas digitales, haciendo de la información un bien común. Se refieren una y otra vez a los videos de TikTok y

YouTube, donde «puedes aprender cualquier cosa porque alguien ha donado su tiempo y experiencia para compartirlo con quien lo necesite».

La exploración del territorio digital es para mí tan ajena como para ellos lo son mis bosques, así que hago una salida de campo a recolectar videos sobre economías del don. Están por todas partes. Descubro sociedades de ayuda mutua, divisas locales alternativas, intercambios de trabajo sin dinero, granjas cooperativas, préstamo entre particulares y mucho más.

Vivimos en la tensión entre lo que es y lo que es posible. Por un lado, podemos observar la reciprocidad de la economía de la naturaleza, que nos muestra cómo deberían funcionar las cosas. Por el otro, vemos los resultados del capitalismo extractivo, que va contra todos los principios de la «ley natural». Estoy segura de que no soy la única que se desespera al compararlos, cuando se ve impotente para cambiar la situación. Al iluminar las alternativas, la gente tiene el coraje de decir: «Vamos a

of Illustrators, Communication Arts, Hatch Awards, Graphis, Print, One Show, New York Art Directors Club y Clio. Su trabajo puede consultarse en JohnTBurgoyneIllustration.com

David Muñoz Mateos es escritor, profesor de español en la Université Panthéon-Sorbonne (París) y traductor editorial. Ha traducido obras de autores como Robin Wall Kimmerer, Wendell Berry, Rebecca Solnit, Jim Harrison y Julian Sancton. La lista completa de las obras traducidas puede consultarse en davidmunozmateos.com. También ha publicado una novela, *Felipón*.

SOBRE LA AUTORA, EL ILUSTRADOR Y EL TRADUCTOR

Robin Wall Kimmerer es madre, científica, profesora y miembro activo de la Potawatomi Citizen Nation. Es autora de *Una trenza de hierba sagrada: Sabiduría indígena, conocimiento científico y las enseñanzas de las plantas,* libro *bestseller* del *New York Times,* y de *Reserva de musgo: Una historia natural y cultural de los musgos*. Recibió la beca MacArthur en 2022. Vive en Siracusa, Nueva York, donde es Profesora Distinguida de Biología Ambiental en SUNY y fundadora del Centro para los Pueblos Nativos y el Medio Ambiente.

John Burgoyne es miembro de la New York Society of Illustrators y alumno del Massachusetts College of Art. John ha ganado más de cien premios en los Estados Unidos y Europa; entre ellos, de la Society

de la economía del don materno, y a mi madre y mis hijas por vivirlo.

Este ensayo se publicó originalmente en *Emergence Magazine*. Gracias por la autorización para incluirlo y expandirlo aquí. Estoy muy agradecida por el apoyo de la MacArthur Foundation, que me ha permitido darme el tiempo y el espacio para escribirlo. Ha sido un placer trabajar con mi editor Chris Richards, a quien le agradezco haberle dado vida a este pequeño volumen. Muchas gracias al ilustrador John Burgoyne por su excelente trabajo artístico. Agradezco también el cuidado y la orientación de Christie Hinrichs, de Authors Unbound, y de Sarah Leavitt, de Aevitas Creative.

No pasa un día en que no me sienta agradecida por el amor, el apoyo y la inspiración que recibo de mi familia y amigos, que hacen esta vida posible. Y un agradecimiento especial a los pájaros y los frutos: G'chi megwech.

AGRADECIMIENTOS

No hay nada en este mundo que hagamos solos. Mi gratitud se dirige a todas las personas cuyas ideas y acciones han hecho que este pequeño libro sea posible. Ed y Paulie Drexler, de Springside Farm, me proporcionaron el escenario de su maravillosa granja de agroturismo, a la que invitan a la gente a conocer los dones de la tierra y de la buena vecindad. Agradezco la paciencia de mi yerno Dave al hablarme de economía, un tema sobre el que mis conocimientos son, si acaso, rudimentarios. Mi amiga, la doctora Valerie Luzadis, fue de gran ayuda con sus conversaciones siempre sagaces. Mi hija Larkin compartió la historia de su Pequeño Puesto de Granja Gratuito y la esperanza de su recuperación. Gracias a Miki Kashtan y Madi Loustalot por darme a conocer el lenguaje

UNA INVITACIÓN A PARTICIPAR
EN LA ECONOMÍA DEL DON

El adelanto que la autora ha recibido por este libro sobre la economía del don en el mundo natural será entregado, como obsequio recíproco, a la tierra; a la protección, la restauración y la justicia de los territorios, como un aporte a la sanación de la tierra y de la gente.

Siguiendo el espíritu de la economía del don y su reciprocidad, tal vez te preguntes de qué manera puedes corresponder tú a los dones de la Tierra. En estos tiempos de peligros acuciantes, todas las monedas de la reciprocidad –dinero, tiempo, energía, acción política, arte, ciencia, educación, siembra, acción comunitaria, restauración, cuidados, sean grandes o pequeños– son necesarias. Te invito a velar por los intereses de la gente y el planeta, a participar en la economía del don.

no posible hacia el futuro. Para reponer la posibilidad del florecimiento muto, del florecimiento de los pájaros, de los frutos y de las personas, necesitamos una economía que comparta los dones de la Tierra, que siga el camino abierto por nuestras maestras más antiguas, las plantas. Estas nos invitan a que entremos al círculo y entreguemos nuestros dones humanos a cambio de lo que ellas nos han dado. ¿Cómo vamos a responder?

Empiezo a pensar que salir por frutos silvestres es la medicina que necesitamos para crear una legión de protectores de la tierra.

En mi familia hay quienes han ido un paso más allá. Viven en un barrio lleno de cascarrabias que gritan a los niños para que no les pisen el césped. Mis familiares han optado por convertir lo que una vez fue un pequeño patio limpio y ordenado en un jardín de frutos y parterres de flores, con un cartel de bienvenida para que los niños del vecindario entren y se lleven un puñado de frutos o un ramo de flores a casa. Han convertido su patio «privado» en un espacio comunitario. La moneda de cambio en esta economía del don es la interrelación y un vecindario donde la gente sabe el nombre de los demás, incluso el de los cascarrabias. La Tragedia de los Bienes Comunales se vuelve la Abundancia de la Comunidad. Es una economía del don al alcance de todos. Es subversivo. Y delicioso.

Las economías regenerativas que ponen en práctica la reciprocidad del don son el único cami-

pasan bien. Puede que eso equilibre la diferencia de poder entre Darren y nosotros. La alegría y la justicia están de nuestro lado. Y las bayas.

No son los únicos frutos que Ed y Paulie cultivan aquí. Todo el mundo conoce sus desayunos de *pancakes* de arándanos, que en pleno verano atraen a los vecinos a la granja. A medida que las bayas caían en el cubo, reflexioné sobre algo en lo que creo desde hace mucho tiempo: recolectar frutos es el primer paso para una relación duradera con el mundo natural. Lo he visto con mis propios ojos. En las excursiones que organizo, hay estudiantes que se muestran reticentes y ponen los ojos en blanco, sin disimulo, para dejar claro su escepticismo ante la idea del don. Son demasiado *cool* para eso, de ninguna manera van a meterse en la boca una hoja de gaulteria silvestre. Pero sé que al acercarnos a los arbustos llenos de frambuesas, bajarán la guardia. El mero hecho de encontrar ahí colgando un fruto silvestre, a la espera de sus dedos y su boca, hace que se relajen ante la evidencia del don.

de la lista de especies amenazadas se encuentran el Ampelis Americano y el Guillomo? Temo por el bienestar de mi valle, verde y hermoso, y por el sustento de los pequeños granjeros.

Veo potencial para un mosaico de economías emergentes, siguiendo el ejemplo de mis vecinos. Sí, tienen que pagar las facturas y están dentro de la economía de mercado, pero participan al mismo tiempo de la economía del don. A cada producto que venden le añaden algo que no puede mercantilizarse y que es, por tanto, aún más valioso. La gente acude a ellos por su conexión con la tierra y por reírse un rato con la granjera, un ser humano como ellos al que le encanta el aire fresco del otoño. No por la mercancía de una calabaza, que, a fin de cuentas, podrían adquirir en cualquier otro lugar. Las economías del don son más divertidas, más satisfactorias y tan nutritivas como los *pancakes* con mermelada de Guillomo de Springside Farm. O como meter calabacines en un auto aparcado. Siempre he creído que solo ganan quienes la

Como agentes de la transformación cultural, tenemos a nuestra disposición ambas herramientas, el cambio incremental y la perturbación creativa. Espero que las utilicemos. En estos momentos acuciantes, hemos de ser la tormenta que derribe las economías caducas, destructivas, para que puedan surgir las nuevas. Los límites de esos claros —los ecotonos—, donde se dan cita el ecosistema viejo y el nuevo, son uno de los ecosistemas más productivos y diversos, atestados de frutos y pájaros. Hay especies que no viven en uno o en otro, sino en la frontera. Es el hogar del Ampelis Americano y el reino de los Guillomos. El capitalismo extractivo de los Darrens, con su abuso de los dones de la Madre Tierra, es un crimen contra la naturaleza. Creo que la ley ha de castigar ese robo y debemos elegir líderes que crean en la primacía de la ley. La economía de los combustibles fósiles genera extinciones masivas en los océanos acidificados y en los bosques menguantes, olas de calor mortales y un sufrimiento humano indecible. ¿En qué puesto

útiles a la hora de remplazar los sistemas complejos que dominan un territorio y parecen, por su tamaño, inamovibles. La sucesión depende en parte del cambio incremental, de la sustitución lenta y constante de aquello que no sirve para dejar sitio a la prosperidad ecológica de nuevas comunidades. Pero también depende de la perturbación, de la interrupción del *statu quo* que permite que nuevas especies emerjan y se desarrollen. Las perturbaciones masivas pueden ser dañinas y, en algunos casos, la recuperación es imposible. Otras, si son del tipo y tamaño adecuados, generan renovación y diversidad. La administración indígena de la tierra dependía de que los humanos utilizaran con cuidado y mesura distintos tipos de perturbaciones, creando un mosaico vivo en diferentes fases de recuperación. Las perturbaciones crean huecos, claros y orlas entre lo nuevo y lo dominante. Quiero ver economías del don que emerjan y se alimenten en los huecos abiertos dentro de la economía de mercado dominante.

Las que llegan a continuación son diferentes. Crecen más lentamente en un mundo de recursos limitados. Las condiciones estresantes favorecen la creación de relaciones de cooperación junto a las de competición. Para sobrevivir, hay que sustituir las prácticas extractivas de los colonos por la reciprocidad y la reposición. Los nuevos habitantes invierten en su persistencia, comprometiéndose a largo plazo. Se dice de estas comunidades que son «maduras» y sostenibles, frente al comportamiento adolescente de sus predecesoras. En esa transición de la explotación a la reciprocidad, del bien individual al bien común, se ha visto un paralelismo con la que deben llevar a cabo las sociedades humanas colonizadoras para prosperar en el futuro: pasar del acopio a la circulación, de la independencia a la interdependencia, del daño a la curación.

¿Cómo cambian los sistemas? ¿Cómo podemos avanzar hacia las comunidades justas que necesitamos y deseamos? El proceso natural de la sucesión ecológica saca a la luz dos mecanismos

de crecimiento rápido, que intenta aprovechar las condiciones transitorias. Las especies pioneras son oportunistas y se caracterizan por consumir recursos, desplazar a otras y reproducirse sin cesar. Es todo «yo, yo, yo», no invierten más que en su propio crecimiento exponencial y carecen de cualquier consideración por el futuro, sus parientes o la longevidad. ¿Les suena de algo? Es un campo de hierbas de crecimiento rápido, o una arboleda de chopos. Es como si los euroamericanos, en la época de la colonización y el desplazamiento de las «culturas primarias», se comportaran igual que las plantas que colonizan el territorio tras la perturbación y se adueñan del paisaje. Pero esas plantas colonizadoras descubren que no pueden mantener el ritmo de crecimiento y extracción de recursos. Estos se agotan, las enfermedades pueden atacar las poblaciones con exceso de densidad y la competición empieza a limitar el crecimiento. Poco a poco, otras especies las sustituyen.

Como botánica, me pregunto si el mundo de los campos y los bosques podría enseñarnos algún camino. Las comunidades vegetales cambian y se sustituyen constantemente, en un mosaico dinámico conocido como la sucesión ecológica. Lejos del estereotipo del «bosque primario», las comunidades vegetales están en flujo perpetuo. A vista de pájaro, el «bosque intacto» es en realidad un conjunto de retales con arboledas de distintas edades y experiencias. Los incendios, los corrimientos de tierra, los vendavales, las plagas de insectos, las enfermedades y los desastres provocados por el hombre alteran el manto verde de formas impredecibles, que, sin embargo, generan una respuesta relativamente esperable. Es frecuente que las grandes perturbaciones se lleven parte del bosque anterior y creen un claro a pleno sol. La tierra se ha removido y los recursos abundan, pues los habitantes previos se han marchado. Tales lugares se ven colonizados por una gran densidad de especies

como su vocabulario financiero. Eso me convenció para escucharla. Tengo la impresión de que estas pensadoras han sido muy influenciadas por lo que el Guillomo sabe y nos ha mostrado desde el principio, como lo saben los Arces, los Juncos y los Dientes de León. Sin embargo, nosotros sustituimos esos saberes por ecuaciones propias. Me alegró mucho saber que la doctora Raworth trata la Cosecha Honorable en sus clases de economía en la universidad de Oxford. El cambio se acerca.

En estos tiempos acuciantes, ante la inminencia de la catástrofe climática, la vida tal y como la conocemos requiere que descarbonicemos la economía cuanto antes. Una compañera de tribu me leyó la mente cuando escribió: «Si la economía necesita que la gente consuma más recursos de los que la Tierra puede reponer, solo para evitar que todo colapse, ¿no habrá llegado el momento de cambiar de economía?» ¿Pero cómo se remplaza un sistema bien arraigado por otro nuevo?

ecológicos y sobre la base de la justicia social. Plantea que la prosperidad no depende solo de satisfacer las necesidades físicas e incluye, como bienes, el sentido de comunidad, el apoyo mutuo y la igualdad. La riqueza es mucho más de lo que mide el PIB y el mercado no es la única fuente de valor económico. Raworth insta a los responsables políticos a reconocer los valores de las tierras comunales, los espacios verdes y la biodiversidad. Sus modelos tienen en cuenta la «productividad» del trabajo no remunerado, como el cuidado familiar, el voluntariado o el cultivo de un jardín: factores de prosperidad, todos ellos, que nunca aparecen en las hojas de cálculos, pero que son esenciales para nuestro bienestar.

Del mismo modo, Katherine Collins se ha convertido en voz y diseñadora de las estrategias de inversión que nos ayudan a avanzar hacia una economía circular. Durante su carrera empresarial, tomó la asombrosa decisión de ir al seminario, para que su léxico de valores fuera tan poderoso

nes de los extraños. El excedente se guardará en la barriga del vecino.

Aunque no es lo que más me emociona, me he dedicado a profundizar en la economía ecológica, a considerar los servicios ecosistémicos, la biomímesis, las propuestas sobre justicia climática, finanzas climáticas, Green New Deal, divisas energéticas, *carbon coins*. El lenguaje que utilizan me resulta tan oscuro como la terminología botánica a los economistas. Cuanto más descubro sobre los visionarios que defienden las economías regenerativas, más grande es la gratitud que siento hacia los individuos brillantes que intentan crear un sistema diferente, uno que actúe a favor de un futuro en el que se pueda vivir.

Me viene a la memoria el conocido modelo de la «Economía de la Dona» de Kate Raworth. Esta autora cuestiona los presupuestos erróneos de la economía contemporánea y propone, en su lugar, una economía enmarcada dentro de los límites

en la cooperación, por encima de la competición; alentará la circulación de los recursos antes que su acumulación; será cíclica y no lineal. El dinero no va a desaparecer en un futuro próximo, pero tendrá un papel menor, adquiriendo algunas de las propiedades del don. La economía se reducirá, nuestras vidas se expandirán».

La historia del pequeño puesto gratuito nos ofrece un atisbo de lo que es posible. Sí, se lo llevaron, «privatizando» un obsequio –es decir, robando– y frenando así la naciente economía del don. Pero, la primavera siguiente, un Eagle Scout de la zona se ofreció a construir uno nuevo. De hecho, tiene la intención de construir y colocar varios por toda la comunidad, para que acojan verduras gratis. Habrá Pequeños Puestos junto a las Pequeñas Bibliotecas Gratuitas. Se frena así la economía de mercado, se obtiene la honra de apoyar una alternativa. Los jardineros ya no tendrán que meter los calabacines que les sobren en los buzo-

fuerza. Los ladrones son muy poderosos. Pero tampoco creo que imaginar la creación de incentivos para alimentar una economía del don paralela a la del mercado sea una quimera. Al fin y al cabo, no deseamos las migajas de esos beneficios sin rostro, sino vínculos cara a cara, recíprocos, que abundan de manera natural pero que la anonimia de la economía a gran escala ha hecho escasos. Tenemos la capacidad de cambiar eso, de desarrollar las economías locales y recíprocas que sirven a la comunidad en lugar de menoscabarla.

En *Sacred Economics,* Charles Eisenstein reflexiona acerca de la economía de los ecosistemas: «En la naturaleza, el crecimiento apresurado y la competición sin cuartel son característicos de ecosistemas inmaduros. Tras ellos aparecen la interdependencia compleja, la simbiosis, la cooperación y el ciclo de recursos. La siguiente fase de la economía humana se asemejará a lo que ya empezamos a comprender sobre la naturaleza. Sacará a relucir los dones de cada uno; hará hincapié

economía de mercado. Puede que esa sea la manera de extraernos de una economía caníbal. Las comunidades intencionales de dependencia mutua y reciprocidad, cuya divisa es la de compartir los recursos, son el futuro. El movimiento hacia una economía de productos locales no trata solo de que los alimentos estén frescos, de los kilómetros que recorren, de la huella de carbono y la materia orgánica del suelo. Trata de todo eso, pero también del profundo deseo humano de conectar, de honrar, de mantener una relación de reciprocidad con los obsequios que se nos entregan.

Estos modelos responden a necesidades humanas reales, que anhelamos satisfacer pero que no podemos comprar: ser valorado por unos dones únicos, que los vecinos te respeten por tu calidad humana y no por lo que posees; por lo que das, no por lo que tienes.

No creo que el capitalismo de mercado vaya a desaparecer; las instituciones sin rostro que se benefician de él están afianzadas con demasiada

dor, que lo reduce todo a mercancía y nos despoja a la mayoría de aquello que queremos de verdad: una sensación de pertenencia, de interrelación, de propósito, de belleza, de sentido, que jamás puede mercantilizarse. Quiero ser parte de un sistema en el que la riqueza signifique tener suficiente para compartir, donde la recompensa de satisfacer las necesidades de tu familia no se vea envenenada por la destrucción de esa posibilidad para otros. Quiero vivir en una sociedad donde la moneda de cambio sea la gratitud y el recurso de la bondad, renovable e infinito, que se multiplica cada vez que se comparte, que no se devalúa con cada uso.

Los antropólogos que estudian las economías del don se han percatado de que estas funcionan bien en comunidades pequeñas y unidas. Observarás, con razón, que ya no vivimos en comunidades pequeñas y unidas, donde la generosidad y la estima mutua estructuren nuestras relaciones. Pero podríamos hacerlo. En nuestra mano está crear esas redes de interdependencia, fuera de la

económicas. Paulie y Ed acumulan buena voluntad, el llamado capital social. «Que te conozcan como ciudadano siempre es un valor», dice ella. Si alguien deja una cancela abierta y sus ovejas acaban en mi huerto, hay un colchón de buena voluntad para perdonar las dalias mordisqueadas. «Tal y como yo lo veo», dice, «hay que valorar más a las personas que a las cosas. Los granjeros repiten siempre la misma frase: "Si no hubiera granjeros, estarías desnudo, hambriento y sobrio". Pero funciona en más sentidos: sin buenos vecinos, estarías, además, solo, y eso es peor».

Y ese cliente que llega a valorar el aroma de los frutos maduros, la vista de los corderos en los pastos, el recuerdo de sus hijos trepando por las pacas de heno, puede que vote a favor del bono de conservación de las tierras agrarias en las próximas elecciones. Como rentabilidad por la inversión de un caldero de frutos gratis, no está mal.

Me gusta la idea de la economía del don, la idea de que podamos alejarnos de este sistema demole-

siempre vuelve a ti de algún modo. Puede que la gente que vino a por los Guillomos regrese por Girasoles y luego por Arándanos. Claro, es un regalo, pero también es una buena práctica de *marketing*. Los obsequios construyen relaciones, y eso siempre es bueno. Es lo que producimos aquí: relaciones, con los demás y con la granja». La relación como moneda de cambio puede convertirse en dinero más adelante, pues Paulie y Ed tienen que pagar las facturas. El regalo de las bayas podría traducirse en un aumento de las ventas de calabaza, pues la gente querrá volver a un lugar con el que ha forjado una relación. «La gente siente que se lleva más de lo que ha pagado», explicó. «Han descubierto un alimento nuevo, o han visto a sus hijos subirse a las pacas de heno». El auténtico valor añadido son los buenos sentimientos. Aunque se pague como una mercancía, lleva consigo el don de la relación.

Además, la reciprocidad constante del regalo va más allá del próximo cliente, se extiende por toda una red de relaciones ajenas a las transacciones

recolectar con el frescor de finales de la tarde, colocándonos en los extremos del surco para guardar la distancia social, aislados y conectados al mismo tiempo por el ritmo de los dedos que iban del arbusto al caldero, y a la boca. «Todo el mundo está tan triste estos días», dijo Paulie, «pero en la zona de los arbustos solo oigo voces felices. Sienta bien dar esa pizca de alegría».

Y es, también, educación, dice. La mayoría de la gente no conoce los frutos del Guillomo, por lo que regalarlos es una invitación a probarlos. Sirven ya para hacer tartas y mermelada, o para atiborrarse de ellos, y se celebran como un obsequio de la tierra, pero apenas existen como producto en la economía de mercado. Paulie dice que su objetivo no es otro que poner las bayas en la boca de la gente por primera vez; ellas se ocupan del resto.

Paulie tiene que mantener su fama de persona con los pies en la tierra, de no andarse con tonterías, así que aclara su explicación: «En realidad, no es altruismo», insiste. «Una inversión en la comunidad

lismo de mercado; su comportamiento no maximiza los beneficios. Muy poco estadounidense de su parte.

De un plumazo, sus bayas pasaron de la columna de las mercancías a la casilla de los «regalos», decorada con papel y un lazo. Las bayas eran las mismas: igual de jugosas, llenas de antioxidantes. La granja tampoco había cambiado. Un pequeño negocio familiar, diversificado en una amplia variedad de actividades que generan ingresos todo el año: desde los primeros corderos de primavera hasta los árboles de Navidad. El único cambio era si la gente que acudía a recoger bayas tenía o no que poner trozos verdes de papel en el tarro de café en el interior del cobertizo.

Le pregunté por qué lo hacía, sobre todo esos días de pandemia, cuando todos los pequeños negocios luchaban por llegar a fin de mes. «Bueno», dijo, «es que hay tantas. Hay más que de sobra para compartir y a la gente le viene bien un poco de dulzura en la vida ahora mismo». Llegamos a

me invitó a recoger bayas en su granja. Bayas de Guillomo. Gratis. El cosquilleo de la sincronía me levantó de la mesa y me hizo salir al huerto.

Paulie y Ed Drexler son los dueños de Springside Farm. Desde aquí veo sus hileras de árboles de Navidad, el laberinto en el maizal y la plantación de calabazas. La perspectiva con que Paulie plantó el huerto era económica, para contribuir a su flujo de ingresos como pequeña agricultora local. Se trataba de una forma de cultivo innovadora destinada a que los clientes recolectaran los productos y se los llevaran, un negocio que puede ser lucrativo. Sin embargo, ese día invitó a los vecinos a que fueran y tomaran lo que quisieran. Su trabajo y los gastos no son gratuitos: las labores de cultivo, el riego y el *marketing* cuestan dinero. Al igual que los árboles y la gasolina que utiliza Ed para segar entre los surcos, los Guillomos no se pagan solos.

Al invitarnos a llenar los cubos con aquella plétora de dulzura, Paulie pierde el rendimiento de su inversión. Desobedece así las reglas del capita-

EL CAPITALISMO DESATADO levanta en el horizonte la amenaza de una escasez real. La extracción y el consumo exceden la capacidad de la Tierra para reponer lo que hemos tomado de ella. Una economía basada en el principio –imposible– del crecimiento y la expansión constantes nos conduce a escenarios terroríficos. Me estremezco cuando encuentro informes económicos que celebran la aceleración del ritmo del crecimiento económico, como si fuera algo bueno. Tal vez sea bueno, a corto plazo, para los Darrens, pero es un callejón sin salida para otros, un motor para la extinción.

Por fortuna, un mensaje de Paulie, mi vecina, me interrumpió. Como si hubiera leído la perturbación en mi mente desde el otro lado del valle, Paulie

escasez artificial mediante el acopio de riquezas. De hecho, el «monstruo» de la cultura potawatomi es el Wendigo, que sufre la enfermedad de la avaricia: se adueña de demasiado y no comparte lo suficiente. Es un caníbal que devora el mundo, cuya hambre nunca se ve saciada. La forma de pensar del Wendigo pone en peligro la supervivencia de la comunidad, incentivando la acumulación individual hasta límites que exceden la satisfacción de aquello que es suficiente. Hace falta darle un nombre propio a los Wendigos contemporáneos que canibalizan la vida para acumular dinero. «Darren» podría valer.

la responsabilidad de cuidar de ella para que siga fluyendo; es un don que debe compartirse entre todos. La idea de poseer el agua es, de ese modo, una farsa ecológica y ética. Como escribe Lewis Hyde: «Si quieres darle valor de mercado a un regalo, destruye el regalo».

El vasallaje continuo a las economías que parten de la competición por la escasez fabricada y no de la cooperación basada en la abundancia natural ha provocado que nos enfrentemos ya al riesgo de producir auténtica escasez, evidente en la carestía de agua limpia, de comida, de aire respirable y suelo fértil, cada vez más frecuente. El cambio climático es una consecuencia de la economía extractiva que nos obliga a confrontar el inevitable resultado de nuestro estilo de vida consumista: la verdadera escasez, para la que el mercado no tiene remedio.

La filosofía indígena de la economía del don, basada en la responsabilidad de hacer que los obsequios sigan circulando, no tolera la creación de

necesitan que los dones de la Tierra, abundantes y disponibles gratuitamente, se conviertan en mercancías y escaseen mediante la privatización y el aumento de precios. Como principio, parece absurdo, así que permítanme aplicarlo al ejemplo del agua, pura y hermosa, un regalo de los cielos. En otra época resultaba impensable pagar por beber agua, pero, a medida que la expansión económica negligente contamina el agua potable, se favorece la privatización de manantiales y acuíferos. Empresas sin rostro saquean así el agua dulce, un regalo de la Tierra, y la guardan en contenedores de plástico para venderla. Muchos no pueden permitirse hoy lo que antes era gratis mientras se incentiva la destrucción de las aguas públicas para crear demanda de las privadas. ¿Qué lleva a la gente a pedir agua embotellada de una empresa con más convencimiento que el agua contaminada que sale del grifo?

En cambio, para las sociedades indígenas de todo el mundo, que conservan aún vestigios de economías del don, el agua es sagrada y la gente tiene

de relaciones. Esa es la auténtica escasez, cuando no llega la lluvia. Es una limitación física, cuyas repercusiones y pérdidas se comparten, igual que la abundancia. Esa clase de carencia, producida por la fluctuación natural, no es la que me quita el sueño.

Lo que no puedo aceptar es la escasez fabricada. Ha de existir escasez para que las economías de mercado funcionen y el sistema está diseñado para crearla allí donde no exista. Desde que la estudié en la escuela secundaria, hace décadas, no había pensado demasiado en la economía, y ahora me doy cuenta de que había aceptado el principio de escasez como si se tratara de algo natural.

Trato de comprenderlo por mí misma, de pensar como una economista y no como una ecóloga. Para que aparezca el dinero, ha de haber mercancías susceptibles de comprarse y venderse. Cuanto más escasas sean esas mercancías, mayor será su coste y, por tanto, el beneficio. Esto es, entonces, lo que entiendo: las economías de mercado

intercambios recíprocos crean abundancia para los participantes que comparten su riqueza.

Los Guillomos están interconectados sobre la superficie de la tierra con aquellos compañeros que realizan la polinización y la dispersión, pero también por debajo, con redes de hongos micorrizos y otras comunidades microbianas de intercambio de recursos. Influidos tal vez por la perspectiva de la Tragedia de los Comunes, solíamos asumir que estos hongos «robaban» nutrientes de los árboles, pero, si nos fijamos mejor, parece más bien que los nutrientes se dan gratuitamente en una red de reciprocidad.

¿Y si la escasez no fuera más que un constructo cultural, una ficción que nos impide acceder a un modo de vida mejor? Cuando observo la economía del Guillomo, no veo escasez, sino abundancia compartida: el fotosintato no suele escasear, dado que el sol y el aire son recursos renovables a perpetuidad. Puede suceder que no llueva lo suficiente, claro, en cuyo caso la escasez se extiende por la red

sugiriera: «Si no hay suficiente de lo que deseas, desea otra cosa». Esta especialización para evitar la escasez ha llevado a una fascinante variedad de biodiversidad, donde cada especie es diferente y, de ese modo, evita la competición. La diversidad de formas de ser es un antídoto.

Puede que algunos biólogos evolutivos rechacen esta noción, categorizando el modo de vida de los Guillomos como una forma de maximizar el interés propio mediante la selección natural, que es el mismo argumento que proponen los economistas de mercado. Durante mucho tiempo se consideró que la competición entre individuos por el éxito era la metáfora a adoptar del mundo natural, que reflejaba tanto actitudes sociales como una realidad ecológica. Pero ese enfoque está cada vez más cuestionado y se acumulan las pruebas científicas de que el mutualismo y la cooperación desempeñan también un papel trascendental en la evolución y en el bienestar ecológico, especialmente en entornos cambiantes. El mutualismo o los

el modelo más eficaz es el de la cooperación, tanto para alcanzar la mera supervivencia como para la prosperidad. En una entrevista reciente, el escritor Richard Powers comenta: «Existe una simbiosis entre los seres vivos a todos los niveles, y uno no puede competir en un juego de suma cero con las criaturas de las que depende su existencia». Los Guillomos lo descubrieron hace mucho tiempo y los seres humanos tenemos que ponernos al día. Seguimos actuando desde la base de la competición.

No hay duda de que todos los seres vivos experimentan algún tipo de escasez en varios aspectos, de que habrá siempre competición por unos recursos limitados, como la luz, o el agua o el nitrógeno del suelo. Pero, dado que la competición reduce la capacidad de carga de todos los implicados, la selección natural favorece a aquellos que evitan participar en ella. A menudo, esta evasión se alcanza modificando las necesidades, alejándose de aquello que es escaso, como si la evolución

Como participante en una cultura tradicional de la gratitud, ahora con un cubo de bayas en la mano, hay algo que nunca he podido entender de la economía humana: la primacía de la escasez como principio organizativo.

Como persona educada por las plantas, ahora con los dedos cubiertos de zumo de bayas, no estoy dispuesta a otorgarle a la escasez un papel tan relevante. Las economías del don surgen de la comprensión de la abundancia de la tierra y de la gratitud que eso desencadena. Las economías de la ayuda mutua se sustentan sobre la percepción de la abundancia, basada en la noción de que hay suficiente para todos si lo compartimos.

Valerie señala que incluso los ecólogos cuestionan ya el principio de que la fuerza primaria que regula el éxito evolutivo es la competición intensa. El biólogo evolutivo David Sloan Wilson ha descubierto que la competición solo tiene sentido cuando consideramos al individuo como unidad de la evolución. Si pensamos en términos de grupo,

Valerie dice que «la economía ecológica surgió tras observar [cómo el] enfoque económico neoclásico es incapaz de proveer para todos y no toma en consideración los ecosistemas que son el sostén de nuestra vida. En el sistema que hemos creado, nos identificamos como consumidores antes incluso de comprender que somos ciudadanos de un ecosistema. En la economía ecológica, el énfasis se pone en la creación de un sistema capaz de acoger un futuro justo y sostenible en el que puedan prosperar tanto las vidas humanas con las no humanas».

¿Qué podrían enseñarnos aquí los Guillomos? Valerie responde: «El Guillomo ofrece un modelo de interdependencia y coevolución que resulta central para la economía ecológica. El Guillomo nos enseña otra forma de comprender las relaciones y los intercambios. Tener a la economía del Guillomo como modelo nos daría la oportunidad de articular el valor de la gratitud y la reciprocidad como cimientos básicos de la economía». La reciprocidad, no la escasez.

Soy ecóloga vegetal, así que me pregunto si una economista como Valerie vería en la distribución de bienes y servicios del Guillomo un ejemplo de economía del don. Me gustaría saber si entre los sistemas naturales y los económicos pueden establecerse analogías. ¿Sería posible realizar algún tipo de biomímesis para diseñar sistemas de intercambio que beneficien a los pueblos humanos y a los no humanos al mismo tiempo?

«¡Sí!», exclama Valerie, como si llevara mucho tiempo esperando esa pregunta. «No hay duda de que se pueden establecer analogías entre los sistemas naturales y los sistemas económicos». Aquí está, de nuevo, la base de la biomímesis.

Los economistas ecológicos como Valerie se dedican a imaginar economías humanas a partir de sistemas ecológicos. Se plantean cómo podríamos construir sistemas económicos que satisfagan las necesidades de los ciudadanos sin abandonar los principios ecológicos que permiten la sostenibilidad del planeta, y de sus habitantes, a largo plazo.

en la reciprocidad y no en la acumulación, en que la riqueza y la seguridad proceden de la calidad de nuestras interrelaciones y no de la ilusión de la autosuficiencia. Sin el intercambio de regalos con abejas y pájaros, y los lazos que estos tejen, los Guillomos desaparecerían del planeta. Podrían hacer acopio de riquezas, encaramados a lo más alto de la escalera de la abundancia, pero no se salvarían de una extinción segura si no las comparten. Acaparar tampoco nos salvará a nosotros. Ni siquiera salvará a Darren. Todo florecimiento es mutuo.

Al observar a los Petirrojos y los Ampelis Americanos llenarse la barriga, veo una economía del don en la que la riqueza se guarda «en la barriga de mi hermano». Sostener una gran comunidad de aves resulta fundamental para el bienestar del Guillomo y del resto de especies en la cadena trófica. Es de especial importancia para las criaturas inmóviles y longevas como los árboles, que no pueden huir de las relaciones rotas. Medrar solo es posible si se forjan fuertes vínculos con la comunidad.

negocios ecocidas, pero siguen adelante con ellos como si nada. Me parece que el comportamiento del Darren Ladrón de Puestos y del Darren Destructor de Planetas muestra la misma arrogancia, el mismo creerse con derecho a todo. Todos ellos son ladrones que nos roban el futuro mientras nosotros regalamos calabacines.

No pretendo restar importancia a nuestras queridas economías del don. Al contrario, son emblemas de que en la comprensión de la abundancia de la tierra existe una riqueza posible y eso que en otra época se llamaba ser un buen vecino. Somos muchos más que los Darrens, y se produce una asimetría en lo que se entiende por poder.

Lamento mi propia participación en una economía que tritura aquello que es hermoso y único para obtener dólares, que convierte obsequios en mercancías; en un sistema de intercambio que nos permite comprar cosas que no necesitamos mientras destruimos las que sí.

Los Guillomos nos enseñan otro modelo, basado

Eso me hace pensar en la persona que se llevó el puesto de comida gratis. Nos habíamos reído del asunto, tomándolo como un error sin importancia. Pero las consecuencias de una mentalidad que se cree con autoridad para convertir un regalo en propiedad privada, que roba a la comunidad con el fin de obtener un rédito individual, son muy graves. Nuestro ladronzuelo merece un nombre, así que lo llamaremos Darren, como el CEO de ExxonMobil. Solemos culpar de los resultados del capitalismo despiadado al «Sistema». Tiene lógica, dadas las complejas capas de interacciones que se producen en él, pero no puede servir de excusa. Recordemos que el «Sistema» lo dirigen individuos, un grupo relativamente pequeño de personas que tienen nombre, más dinero que Dios y, desde luego, mucha menos compasión. Se sientan en salas de juntas donde deciden explotar combustibles fósiles para obtener beneficios a corto plazo mientras el mundo arde. Son conscientes de lo que ha demostrado la ciencia, conocen el impacto de sus

frutos a los árboles si no es para forjar relaciones con ellos?

Comer demasiados frutos tiene el mismo efecto en los pájaros que en las personas. Salpicaduras fucsias decoran los postes del vallado. He ahí el sentido último de las bayas, claro: volverse irresistibles, aparecer a raudales para que los pájaros acudan y se atiborren de ellas, igual que hacemos nosotras esta tarde, para luego distribuir las semillas por doquier. Esos festines tienen aún otro beneficio. El paso por las tripas del pájaro escarifica las semillas, favoreciendo la germinación. Los pájaros brindan un servicio a los Guillomos, quienes a cambio les dan sustento. Las relaciones creadas por el don tejen una miríada de vínculos entre los insectos, los microbios, las raíces. El don se multiplica con cada obsequio, hasta que regresa, delicioso y dulce, gorgojeando como el canto que me despierta por la mañana. Si alguien se hubiera apropiado de esta riqueza, si los Guillomos actuaran únicamente en su propio beneficio, el bosque se vería menoscabado.

un lado a otro escasea. De ese modo, los árboles y los insectos crean una relación de intercambio que beneficia a ambos.

En verano, cuando las ramas están cargadas, los Guillomos producen una gran cantidad de azúcar. ¿Se la guardan para sí? No, invitan a los pájaros al banquete. Vengan, parientes míos, llénense la barriga, dicen los Guillomos. ¿No están acaso guardando la carne en las barrigas de sus hermanos y hermanas, los arrendajos, los cuitlacoches y los petirrojos?

¿No es eso una economía? Un sistema de distribución de los bienes y servicios que satisface las necesidades de la comunidad. La moneda de cambio de este sistema es la energía, que fluye por él, y los materiales, que circulan entre los productores y los consumidores. Es un sistema de redistribución de la riqueza, un intercambio de bienes y servicios. Cada miembro es rico en algo, que ofrece a los demás. La abundancia de frutos alimenta a los pájaros, pues, ¿de qué les sirven los

actual en la ciencia emergente de la biomímesis. Janine Benyus y otros pensadores están llevando a cabo una revolución al estudiar cómo podemos reimaginar nuestra economía y nuestras instituciones sociales para que se alineen a favor de los principios naturales, y no en su contra.

Preguntemos a los saskatunes. En su sistema económico, estos árboles de tres metros de altura son los productores. Utilizan las materias primas gratuitas de la luz, el agua y el aire, y transforman esos dones en hojas, flores y frutos. Conservan parte de la energía en forma de azúcares para desarrollar su propio cuerpo, pero comparten la mayoría. En gran medida, la abundancia de la lluvia y el sol de primavera se manifiesta a través de las flores, que ofrecen un banquete para los insectos cuando hace frío y no deja de llover. Los insectos devuelven el favor transportando el polen. A los saskatunes nunca les falta comida, pero su movilidad es muy limitada. El movimiento es el don de los polinizadores, pero la energía que necesitan para seguir zumbando de

M E HE PASADO la vida pidiendo consejo y guía a las plantas para toda clase de asuntos; me pregunté, entonces, qué tendrían que decir los Guillomos sobre los sistemas que crean y distribuyen bienes y servicios. ¿Cuál es su sistema económico? ¿Cuál su respuesta al problema de la abundancia y la escasez? ¿Su proceso evolutivo los ha llevado a acaparar o a compartir la riqueza?

La práctica de observar el mundo de los seres vivos e inspirarse en él para desarrollar un modo de vida humano es un elemento fundamental de la ciencia indígena. Comprende el hecho de que hay otras inteligencias, distintas a la nuestra, de las que podemos aprender. Este modo ancestral de producir conocimiento encuentra su expresión

LOS FRUTOS DEL GUILLOMO

Da las gracias por aquello que se te ha dado.

Haz un obsequio para corresponder a lo que has tomado.

Sé sostén de aquellos que te sostienen y la tierra durará para siempre.

Pide permiso antes de tomar algo. Acata la respuesta.

Nunca te lleves el primero. Nunca te lleves el último.

Toma solo lo que necesites.

Toma solo lo que se te ofrece.

Nunca tomes más de la mitad. Deja algo para los demás.

Cosecha de manera que el daño sea el menor posible.

Utilízalo de forma respetuosa. Nunca desperdicies lo que has tomado.

Comparte.

don de la fotosíntesis, por lo que debemos consumir. Pero nuestro hiperconsumismo descontrolado nos ha llevado al borde del desastre. ¿Qué pasaría si consumiéramos con plena consciencia de que somos receptores de los dones de la tierra, de que no nos los hemos ganado? ¿Si consumiéramos con humildad? Nuestro deber es realizar una cosecha honorable, en la que haya límites, respeto, veneración y reciprocidad.

Las reglas de la Cosecha Honorable no suelen aparecer por escrito, sino que se constituyen y refuerzan en los pequeños actos del día a día. Pero si hubiera que hacer una lista, sería algo parecido a esto:

Conoce las costumbres y necesidades de quienes cuidan de ti, para poder cuidar tú de ellos.

Preséntate. Haz que te conozcan como aquél o aquella que viene a buscar la vida.

Plantas, en los que nuestros parientes no humanos aceptan compartir el don de sus vidas para dar sostén a los seres humanos. A cambio, el pueblo Humano acepta los principios de limitación, respeto y reciprocidad. Sospecho que esa ética también nació de los errores cometidos y sus consecuencias ecológicas. Me pregunto si volveremos a aprender de ello.

Si pensamos en la Tierra como un gran almacén lleno de mercancías, como un mero conjunto de objetos, nos arrogamos una suerte de privilegio para explotar lo que consideramos nuestro. Si la vemos como una propiedad material, poco importa la manera en que consumamos sus productos: solo son cosas y todas nos pertenecen. No hay límite moral al consumo. Y, de ese modo, hemos llegado a una época de agotamiento ecológico y espiritual.

Pero en una cosmovisión de la tierra como un don, donde quienes hacen sus obsequios son «alguienes» y no «algos», los consumidores tienen que enfrentarse a un dilema moral. Los humanos somos animales a los que no se nos ha otorgado el

negociación consagró la noción común de que las tierras que sirven de sustento a ambas naciones, como terrenos de caza y de aprovisionamiento para todo tipo de necesidades, se ven como Una Vasija única, que la Madre Tierra llena de todo lo necesario para vivir. Esta se entiende como un obsequio y, por tanto, es compartida por la comunidad. En el acuerdo hay muchas naciones, pero solo Una Cuchara: no hay una grande para algunos y una pequeña para otros. El acuerdo de compartir conlleva la responsabilidad de cuidar lo que se comparte.

En muchas culturas indígenas existen también protocolos que regulan la obtención individual de productos de la tierra. Estas antiguas pautas, conocidas como la Cosecha Honorable, limitan el consumo desenfrenado para que la Vasija siempre esté llena. Según me han contado, estos preceptos son el resultado de tratados atemporales entre el pueblo Humano y el pueblo del Ciervo, el pueblo del Oso, el pueblo del Pez y el pueblo de las

acumulación de la propiedad privada. Durante buena parte de la historia de la humanidad, antes del surgimiento del capital, hubo sistemas en los que la gente consideraba la tierra como una fuente común de riqueza, a la que todos tenían acceso compartido y donde satisfacían sus necesidades. Y esa situación no terminó convertida en un sálvese quien pueda bajo la ley del más fuerte, sino que había obligaciones mutuas a escalas que iban del comportamiento individual a los acuerdos internacionales.

Por ejemplo, en las grandes zonas boscosas de mi tierra natal, los Grandes Lagos, las naciones indígenas diseñaron lo que hoy llamaríamos «planes de gestión de recursos» para los territorios compartidos. Mucho antes de que llegaran los asentamientos, la Confederación Haudenosaunee, de las regiones que hoy forman el Estado de Nueva York, y las Naciones Anishinaabe de los Grandes Lagos concertaron los acuerdos conocidos como el «Tratado de Una Vasija y Una Cuchara». Esta

para mercantilizar lo que en otra época se entendió como un don compartido. Pero, ¿y si es errónea? ¿Y si hubiera un relato diferente, uno que los privatizadores trataran de borrar?

El trabajo precursor de la economista Elinor Ostrom demostró que la tierra puede mantener los recursos comunes sin intervención del Estado o de la economía de mercado. Su trabajo desafió las teorías más arraigadas para demostrar que la acción colectiva, la confianza y la cooperación pueden conducir al bienestar mutuo de la tierra y de la gente sin degradar los recursos comunes. Por este cuestionamiento de la doctrina económica, la doctora Ostrom recibió el Premio Nobel de Economía. ¡Por fin una economía que puede gustarle a una botánica!

En sus investigaciones, la doctora Ostrom partió de la observación atenta de los sistemas de gestión del territorio entre las comunidades que los colonos capitalistas subestimaron como primitivas, ya que no parecían valorar o practicar la

del don: fallan en cuando aparecen tramposos que violan la confianza. Esta pequeña economía del don se vino abajo cuando alguien rompió las reglas del uso compartido.

Parte de la lógica de convertir bienes públicos en bienes privados nace de la teoría de la «tragedia de los bienes comunales» que formuló Garrett Hardin. Este plantea que es inevitable que los recursos compartidos –por ejemplo, una pradera a la que todos los ganaderos pueden llevar a sus ovejas a pastar– se pierdan por culpa de intereses individuales contrapuestos. Según él, alguien incurrirá siempre en el sobrepastoreo o arruinará el manantial de agua. Los pastos colectivos quedarán inutilizables por culpa del egoísmo. Por tanto, se nos dice, la tierra no puede mantenerse como una propiedad comunal y ha de privatizarse, convirtiendo así una fuente de abundancia para el bien común en propiedad individual, con el objetivo de protegerla de la Tragedia.

Esta idea potente ha servido de justificación

condado. Los miembros del programa Master Gardener producen de sobra en sus cultivos de muestra. Fuera de la oficina instalaron un pequeño y coqueto puesto en que reparten verduras y flores bajo un cartel que invita a los vecinos a llevarse lo que quieran. Las cestas están llenas de colores y alimentos frescos todo el verano. Tras la última helada, cuando se había arrancado hasta la última papa, las calabazas habían desaparecido y se había agotado hasta el *kale* más resistente, los estantes bajo el cartel quedaron vacíos. Todo se había entregado. Lo único que quedaba por hacer al día siguiente era recoger el puesto y guardarlo en el cobertizo para el invierno. ¡Cuál no sería su sorpresa cuando llegaron a trabajar y vieron que ya no estaba! Alguien se había llevado el puesto entero. Con la generosidad que los caracteriza, lo atribuyeron a una sintaxis ambigua y no a un simple hurto. ¡Al fin y al cabo, el cartel decía «*Free Farm Stand*» [puesto de granja gratuito]!

He aquí el problema inherente a las economías

países no solo se aportan libros y espacios verdes. Las democracias sociales ofrecen salud universal y gratuita, educación para todos, cuidado de la población mayor, apoyo familiar e inversión en la sostenibilidad. A las economías de los países nórdicos se las ha llamado *cuddly capitalism* [capitalismo adorable o compasivo], por oposición al *cutthroat capitalism* [capitalismo despiadado] de los Estados Unidos. Los impuestos con que se financia el bien común son mucho más elevados en estos países que en los Estados Unidos, como también lo es el Índice Global de Felicidad, que encabezan los nórdicos. Al pagar impuestos, los ejemplos de esos países nos ayudan a imaginar cómo podríamos promover elementos de las economías del don en el seno del sistema capitalista, que no va a desaparecer en el futuro próximo.

El modelo de compartir los calabacines y las flores también puede extraerse de la práctica individual al nivel de las organizaciones. Mi hija dirige un programa de extensión agraria en su

para todos. Y todo lo que necesitas es una tarjeta de biblioteca, una especie de acuerdo para respetar y cuidar el bien común.

La biblioteca se acerca así, como institución en el ámbito de la vida cívica, a la economía del don. No es exactamente economía del don, sin embargo, pues los libros se adquieren gracias a nuestros impuestos, que son una donación al bien común. Sin embargo, me lleva a preguntarme si es posible establecer analogías entre los sistemas de uso compartido de la propiedad pública y las economías del don.

Pensamos en las bibliotecas, los parques, los caminos y los paisajes culturales como bienes públicos; son lo que llamamos «recursos comunes», que cuidan y comparten quienes los utilizan. Resultan viables cuando dedicamos el dinero que nos sobra al bien común, en forma de impuestos. Todo el mundo se enfada cuando tiene que pagar, pero esa obligación legal no es otra cosa que una inversión en el cuidado colectivo, en el bien común. En otros

¿Cómo se podría compartir en una comunidad aún más grande? En mi opinión, las bibliotecas públicas son un ejemplo poderoso de la manera en que las economías del don logran coexistir con las economías de mercado, a una escala mayor. Sí, en la ciudad hay librerías privadas que a menudo se convierten en espacios comunitarios de gran importancia. Me encantan las librerías, por muchas razones, pero venero las bibliotecas públicas, tanto en la teoría como en la práctica. Creo que encarnan la praxis de la economía del don a escala ciudadana y la noción de propiedad común. Se trata de un modelo de economía del don que ofrece acceso gratuito no solo a libros, también a música, herramientas, semillas y mucho más. No hace falta poseerlo todo. Los libros de la biblioteca pertenecen a todos los habitantes, esta los ofrece gratuitamente al público (¡y cuenta con una selección más amplia que la del poste de la esquina!). Los sacas, los disfrutas, los devuelves para que alguien más pueda disfrutar de ellos; hay abundancia literaria

flujo de los regalos tenga sentido. Pero, con el objetivo de que las economías del don tengan mayor impacto, me pregunto cómo funcionarían a escala comunitaria.

Siguiendo la carretera que pasa ante mi casa, hay un pueblo demasiado pequeño para tener una biblioteca pública. No obstante, en el poste de madera junto a una de las iglesias hay una caja de colores vivos, semejante a una casa con una puerta de cristal. Sus dos estantes están llenos de novelas de misterio de bolsillo, libros infantiles y manuales sobre diversos temas. Quienes pasan por allí toman y dejan los libros sin ninguna obligación. Alguien regaló a la comunidad su habilidad para fabricar la caja, lo que atrajo los regalos de los libros, lo que atrajo el regalo de lectores. El movimiento de la Pequeña Biblioteca Gratuita se ha extendido por todo el país para compartir el amor a la lectura y facilitarle a todo el mundo el acceso a los libros, en una economía del don. Es dar un paso más allá: de compartir un libro con tu amigo a compartirlo con el vecindario.

recién nacido. Tengo una amiga que hace una lasaña increíble, y hace de más, así que todas las veces le lleva un trozo a una vecina mayor.

En mi vida, lo que siempre tengo de sobra son libros, pues la gente me los regala constantemente. Por eso, una vez leída la última página –o mucho antes, a veces–, le regalo el libro a un amigo. Tú puedes hacerlo, también. Ese acto sencillo es el átomo de una economía del don. No hubo intercambio de dinero, no espero compensación de ningún tipo. El libro se ha librado del vertedero y mi amigo y yo tenemos un nuevo vínculo y algo de que hablar; el acto de regalar abrió un canal para la reciprocidad. No es muy distinto de lo que hacen los Guillomos.

La pregunta que suele hacerse es: ¿cómo sacar las economías del don de las relaciones individuales y llevarlas a una escala superior? He de decir que no estoy segura de que esa sea la pregunta correcta. ¿Por qué hace falta expandirlo todo? La escala pequeña y el contexto es lo que hacen que el

MIS COLEGAS ECONOMISTAS me recuerdan que no vivimos en una economía de libre mercado pura, sino en lo que se conoce como una «economía mixta». Los emprendedores no tienen libertad total para obtener beneficios, su actividad está regulada por el gobierno y hay acuerdos colectivos expresados en forma de leyes y directrices. Existe una mezcla de bienes privados y públicos. ¿Hay margen dentro de esa mezcla para impulsar economías del don?

En cuanto empezamos a prestar atención y a darles un nombre, encontramos economías del don por todas partes. Cuando los amigos nos invitan a cenar o regalan su antiguo cochecito, que les ha quedado pequeño, a unos vecinos con un bebé

y el estatus más elevado se derivan de la posesión y el beneficio. La seguridad alimentaria se mantiene mediante la acumulación privada.

Las economías del don nacen de la abundancia de regalos que ofrece la Tierra. Nadie los posee y todos los comparten. Compartir genera relaciones de buena voluntad y lazos que garantizan que serás invitado al banquete cuando a tu vecino le sonría la suerte. La seguridad alimentaria se mantiene al reforzar los lazos de la reciprocidad. Como escribe Margaret Atwood: «Cada vez que se entrega un regalo, este engendra tanto en el dador como en el receptor una vida espiritual nueva, que lo reaviva y regenera». Puedes guardar la carne en la despensa o en la barriga de tu hermano. En ambos casos, mantienes el hambre a raya, pero las consecuencias para la gente y para la tierra que te ha ofrecido ese sustento son muy distintas.

vuelto tan grandes e impersonales que acaban con el bienestar de la comunidad, en vez de promoverlo, es posible que debamos considerar otras formas de organizar el intercambio de bienes y servicios que constituye una economía.

La mayoría de nosotros vivimos enmarañados en las redes de la economía de mercado, que es, por definición, un sistema monetario en el que la producción y la distribución de bienes están reguladas por las «fuerzas del mercado» de la oferta y la demanda. Los intercambios son voluntarios y los emprendedores, libres de perseguir beneficios. La economía de mercado se basa en la propiedad privada, en la competición dentro del espacio que hay entre la oferta y la demanda; es decir, en la escasez. Cuanto mayor sea esa distancia, mayor será la escasez y, por tanto, aumentará el precio a pagar por los bienes, así como los beneficios. En la economía de mercado, la carne debe ser propiedad privada: acumularse en aras del bienestar del cazador o entregarse a cambio de divisas. El éxito

crear algo diferente, algo que concuerde con nuestros valores. No tenemos por qué ser cómplices».

Me resulta esperanzador que todas estas innovaciones comunitarias surjan como resistencia a los sistemas económicos que destruyen aquello que amamos, que se creen nuevos sistemas orientados a su protección. Renuevo mi aprecio hacia las palabras que usamos. Me parece adecuado que en inglés a los movimientos de base se les llame «*grassroots*» [raíces de hierba], imitando las economías del don de las plantas.

La noción de la abundancia muestra la sorprendente diferencia entre nuestra forma de vida, que ha llegado a dominar el planeta, y las antiguas economías del don, que la precedieron. Hay muchos ejemplos de economías del don funcionales –la mayoría de ellas en sociedades pequeñas con relaciones muy estrechas, donde el bienestar de la comunidad es la «unidad» que mide el éxito–, en las que el interés del «nosotros» supera al del «yo». En esta época en que las economías se han